Lida campeira

Editora Appris Ltda.
1.ª Edição - Copyright© 2024 do autor
Direitos de Edição Reservados à Editora Appris Ltda.

Nenhuma parte desta obra poderá ser utilizada indevidamente, sem estar de acordo com a Lei nº 9.610/98. Se incorreções forem encontradas, serão de exclusiva responsabilidade de seus organizadores. Foi realizado o Depósito Legal na Fundação Biblioteca Nacional, de acordo com as Leis nos 10.994, de 14/12/2004, e 12.192, de 14/01/2010.

Catalogação na Fonte
Elaborado por: Dayanne Leal Souza
Bibliotecária CRB 9/2162

P436l
2024
	Pereira, Zebino Brasil
	    Lida campeira / Zebino Brasil Pereira. – 1. ed. – Curitiba: Appris, 2024.
	    35 p. ; 21 cm.
	
	    ISBN 978-65-250-6386-7
	
	    1. Vida rural. 2. Camponeses. 3. Gaúchos. I. Pereira, Zebino Brasil. II. Título.
	
	                                                                     CDD – 800

Editora e Livraria Appris Ltda.
Av. Manoel Ribas, 2265 – Mercês
Curitiba/PR – CEP: 80810-002
Tel. (41) 3156 - 4731
www.editoraappris.com.br

Printed in Brazil
Impresso no Brasil

Zebino Brasil Pereira

Lida campeira

Curitiba, PR
2024

FICHA TÉCNICA

EDITORIAL	Augusto Coelho
	Sara C. de Andrade Coelho
COMITÊ EDITORIAL	Ana El Achkar (UNIVERSO/RJ)
	Andréa Barbosa Gouveia (UFPR)
	Conrado Moreira Mendes (PUC-MG)
	Eliete Correia dos Santos (UEPB)
	Fabiano Santos (UERJ/IESP)
	Francinete Fernandes de Sousa (UEPB)
	Francisco Carlos Duarte (PUCPR)
	Francisco de Assis (Fiam-Faam, SP, Brasil)
	Jacques de Lima Ferreira (UP)
	Juliana Reichert Assunção Tonelli (UEL)
	Maria Aparecida Barbosa (USP)
	Maria Helena Zamora (PUC-Rio)
	Maria Margarida de Andrade (Umack)
	Marilda Aparecida Behrens (PUCPR)
	Marli Caetano
	Roque Ismael da Costa Güllich (UFFS)
	Toni Reis (UFPR)
	Valdomiro de Oliveira (UFPR)
	Valério Brusamolin (IFPR)
SUPERVISOR DA PRODUÇÃO	Renata Cristina Lopes Miccelli
PRODUÇÃO EDITORIAL	Adrielli de Almeida
DIAGRAMAÇÃO	Ana Beatriz Fonseca
CAPA	Kananda Ferreira
REVISÃO DE PROVA	Jibril Keddeh

SUMÁRIO

A SEDE DA FAZENDA 9

A VIVÊNCIA 13

O GALPÃO 14

REUNINDO AS MONTARIAS 18

A ENCILHA 19

RECEBIMENTO DE TROPA 20

A ESQUILA 21

BANHEIROS 22

CAPITALIZAÇÃO DAS ATIVIDADES 24

O BAILE 25

RELIGIOSIDADE 29

A ESCOLA 30

CERCADO DE MILHO 34

Em minhas andanças pelo nosso lindo Rio Grande do Sul, durante minhas pescarias e caçadas, tive a oportunidade de, na cruzada, passar por pontos comerciais, então chamados bolichos de campanha. Nesses bolichos, também, seguindo a sua denominação, especificava que era de SECOS E MOLHADOS. Ali, se abasteciam, praticamente, toda a vizinhança rural, bem como servia de ponto de entrega de alguma correspondência ou encomenda, deixada pelo Correio. Encontra-se ali, por exemplo, temperos, os mais variados, pimenta do reino (moída ou em grãos), chás de boldo, camomila, melhoral (AAS), aspirina, mertiolate, pomadas e unguentos, erva mate, café, curativos (tipo band-aid, gaze, algodão, água oxigenada), querosene, velas, e, ainda, tecidos (brim, infestados, vendidos em metro) para confecção de calças e bombachas, linha, fitas e, ainda, bijuterias, agulha de mão, alpargatas, tamancos, chinelos de couro, botas, facas, facões, enxadas, pás, cachaça a varejo, etc... E, então, ao pedir licença para caçar ou pescar, fui conhecendo várias fazendas. Observando a lida desenvolvida, fui me apaixonando pelo campo e fazendo grandes amizades com o pessoal campeiro.

Em todas elas sempre fui muito bem recebido, inclusive convidado à mesa. A hospitalidade é uma marca registrada do gaúcho. Recebem-nos sempre com muita alegria, quando, então, não faltava o "seja bem-vindo, passe pra frente". Não tinha como recusar tal convite, além de ficar por demais agradecido pela franquia dos campos e dos açudes.

As pessoas rurais conservam, até os dias atuais, os ensinamentos familiares recebidos, de modo que a cada lugar em que chegávamos, tratavam-nos com muita cordialidade, o que sempre nos deixou muito alegres e, sobretudo, honrados.

Em minhas caçadas e pescarias sempre levei junto os meus 2 filhos. Dormíamos em barracas à beira d'água ou em capões. Como sempre levávamos o necessário para "boiar"; não faltava espetos e uma grelha, a fim de esquentar água para o chimarrão e o fogo para o churrasco. Desde cedo eles puderam sentir o ar de liberdade, e o respeito à natureza.

A lenha para o fogo de chão, recolhíamos do mato; porém, jamais queimávamos uma trama do alambrado, nem cortávamos alguma árvore.

As atividades humanas, obedecem, em princípio, as tendências de cada um. Feliz é aquele que consegue trabalhar no que mais lhe agrada. Diz-se, até, que quem faz o que gosta, nem precisa trabalhar. Não sei, e peço desculpas, a quem falou isso. Mas, vejamos, a pessoa que labuta com gosto, naquilo que faz, é um vivente realizado. É uma pessoa que fará, certamente, o melhor trabalho que possa realizar, pois, como diziam os antigos, é bem feito porque o certo é ficar bem feito. Não admitiam que seu trabalho ficasse em desacordo com a perfeição e a funcionalidade necessárias. E isso, não queria dizer que o artífice era o melhor, senão que devia apresentar o melhor trabalho realizado, de modo a satisfazer a sua arte, ou, porventura, alguma encomenda.

A vida no campo, apesar de árdua, constitui-se em tarefas tais quais outras quaisquer. Atividade, desempenho, observação, conhecimento, determinação e ação.

O campeiro, por dever de ofício, acaba por reconhecer qualquer alteração na lida normal. Daí, o desenrolar do seu trabalho, no reconhecimento de qualquer eventualidade.

A SEDE DA FAZENDA

A fazenda que tomei como exemplo, é a FAZENDA ESPERANÇA, situada em algum lugar no PAMPA GAÚCHO.

A casa sede da fazenda, é de alvenaria; toda ela construída em um só plano, sem escadas, prevendo a chegada de muitos anos do patrão, prevenindo, então, a necessidade de ter de subir escadas. Possui 5 dormitórios, com cama de casal e uma de solteiro, em cada quarto. Cada dormitório tinha banheiro. Pintada de amarelo queimado, com aberturas cor de café. Na sala, na parede divisória com o escritório, há uma lareira construída de modo a aquecer tanto a sala como o escritório, visto que possui abertura de ambos os lados. Desse modo, aquece tanto a sala como o escritório. Todo o telhado, que se estende além da casa propriamente dita, servindo de cobertura a um avarandado de 3,5m de largura, lajotado, que contorna toda a casa. Nesse avarandado, no lado norte, onde se situa a fachada da casa, tem churrasqueira, onde junto a ela havia um fogão a lenha; a chapa era de ferro fundido e um forno, tudo revestido de tijolo refratário. Ainda nesse espaço, tem uma mesa de 4,30m de comprimento, tendo de cada lado, 6 cadeiras e, uma em cada cabeceira. Esse recinto da casa, era o mais habitado. Ainda mais aos fins de semana, quando, para alegria dos patrões, os filhos e netos vinham alegrar tudo. Também é o lugar no qual são recebidos, além da parentada, os amigos de sempre.

A casa sede é uma construção, como dissemos, de alvenaria, sendo abastecida por um poço artesiano, rodeada por inúmeras árvores, situada no alto de uma suave coxilha. Ali, planta-se, na horta, todo o tipo de verduras (alface, rúcula...) e legumes (tomate, pepino, chuchu...) para consumo da própria fazenda. Há, ainda, um galinheiro, de onde são colhidos os ovos e, eventualmente, abate-se uma galinha (ou frango) para enriquecer o cardápio. Além disso há um jardim, muito bem cuidado pela dona da casa. Nele têm-se rosas, alfazemas, amores-perfeitos, onze horas, etc... As árvores que adornam a residência são, preferencialmente, nativas, de acordo com a vontade do patrão. Tem um vasto pomar, com frutíferas de todas as estações. Tem noz-pecã, laranjas de umbigo e de suco, goiabeiras, pessegueiros, pereiras, ameixeiras, figueiras de figo roxo e branco, abacateiros, butiazeiros e, claro, uma jabuticabeira. Tudo acompanhado de um cuidadoso parreiral, de uva de mesa. Todo o jardim, bem como a horta, são adubados com a "cama" do galinheiro, misturada com terra do mato.

Tem, ainda, um lote de vacas leiteiras para abastecer a fazenda. Aqui, quando tem visita, é oferecido, aos que não conheciam ou provado, o "apojo". O apojo é o leite "in natura" ordenhado após a 1ª mamada do terneiro. A ordenha matinal é como o chamado do início da lida. O café da manhã é preparado, sem demora, ao gosto dos que ali habitam. Ovos fritos, polenta na chapa, café com leite, salaminho (linguiça maturada, da fazenda), manteiga da própria fazenda, pão de forno caseiro, tudo acompanhado de um "revirado" (sobra do arroz e feijão da janta), regado com banha ou azeite de oliva, com o inevitável tempero (orégano, salsa, tomilho e, para quem aprecia, pimenta etc. O café é coado em saco "filtro" de pano em um bule reiuno de alumínio (marcado pelo tempo de uso), filtrado pela adição de água (fervente ou não).

Aos domingos, com certeza, a churrasqueira teria trabalho. Um meninote da fazenda, filho de um dos peões, de mais ou menos 12/13 anos, era o encarregado (se antes ninguém o havia precedido), feliz por ser domingo e, também, pelos seus préstimos, desempenhava, com ar voluntarioso, da montagem do fogo. Palha e casca seca de laranja, eram acomodadas no chão da churrasqueira. Após isso, ia empilhando os gravetos e sobre estes, as lenhas mais grossas.

Diga-se, aqui, que a "lenha" era o que se juntava de alguma árvore caída ou de algum galho que o vento quebrou. Também havia lenha das tramas e moirões que, pelo tempo, iam se deteriorando, necessitando de serem substituídos. Isso era feito depois de colocado os guardas-fogo (cepos grossos), como garantia da formação do brasedo e da labareda.

À medida que o fogo se formava, o churrasqueiro que, invariavelmente, é o dono da casa, começa a função de "espetar a carne". Ele só era substituído, nesse mister, quando algum conviva se apresentava para a prazerosa "lida". O patrão, numa inequívoca declaração de amizade e hospitalidade, cedia o comando do ritual. Enquanto isso, a prosa corria frouxa. Falava-se de tudo, futebol, política, e, se deixassem, até consertaríamos nosso amado Brasil. Cada um queria explanar sua idéia, certo de que era o caminho a seguir. Enquanto a prosa ia se estendendo, corria de mão-em-mão, o símbolo da amizade gaúcha, O CHIMARRÃO. E ao derredor, no gramado, algum quero-quero vinha dar as boas vindas. Esse mate, bem cevado, e acompanhado de uma "caipirinha" de cana de alambique, derrubava qualquer timidez que, por ventura, ali estivesse presente. E, assim, íamos proseando e tomando conta do assado.

À medida que a carne vai sendo assada, o churrasqueiro vai colocando (agora sim) na labareda, uma manta de matambre (mata-hambre – mata-fome), que servirá de aperitivo para despertar o apetite dos presentes (mormente as crianças, que sempre perguntam: tem uma prova?).

Além do matambre, como aperitivo, se o patrão não tinha, mas algum dos participantes teve a idéia brilhante de trazer um úbere, uma linguiça campeira, apimentada ou não (com ou sem queijo), junto a um abacaxi, sem dúvida, isso irá agradar a todos (aos veganos, com todo o respeito), não sabem o que estão perdendo.

Para os moradores da campanha, sempre é um dia de festa, onde têm o prazer e a oportunidade de conviver e beber do universo dos afetos (razão do viver dos campeiros). Cada um que chega, sem que queira se mostrar, apresenta o corte de carne que trouxe, no intuito de dizer que "essa" é a carne. Não tomemos isso como queira se mostrar, se exibir, mas como a maneira, o modo, de querer agradar. E acaba agradando, pela espontaneidade e pela amizade intrínseca do gesto.

Quero aqui deixar registrado: É, além de uma honra, um indizível prazer ser convidado à intimidade da família. Sentimo-nos por demais agraciados pela hospitalidade e o ambiente eivado de amizade.

Um traz uma costela minga; outro uma costela desossada; outro um vazio; outro, ainda, uma picanha e uma maminha, uma linguiça, com ou sem pimenta, com ou sem queijo, uma porção de coração de aves e, finalmente, um outro traz um pedaço da costela dianteira grudada num granito (é um perigo, mas é bom demais).

E vai-se juntando tudo e comendo, e achando cada pedaço melhor que o outro. As esposas, participantes insubstituíveis do ritual, vão preparando uma salada de tomate, sal e cebola, com azeite de oliva, com orégano, ou, então, uma salada de batata, ovo, cebola, sal e azeite de oliva. Além, é claro de um bom radice e alface, produtos da própria fazenda. Isso tudo acompanhado de uma cozinhada de mandioca, também produto da fazenda.

E, assim, vai-se palmilhando essa vida; para uns assim, para outros assado (quase parodiando Mário Quintana). Mas vivendo como o Pai permite e determina, sabendo que cada momento da vida terrena, (tomando emprestado uma matéria) é um passo gigante (de acordo com as ações de cada um) com vista à vida espiritual futura, guiados pelo Livre Arbítrio.

A VIVÊNCIA

A vida campeira pode, às vezes, parecer monótona e solitária. Mas para quem acredita no amparo dos Espíritos Luminosos, Prepostos de Jesus, nunca estaremos sozinhos. Aí está a grande oportunidade, também, para reflexão e convívio com o mais puro de nossas convicções, nos mostrando o papel que desempenhamos nesta vida passageira. Na campanha levanta-se ouvindo a orquestra matinal das aves, reconhecendo, pelo cantar, cada pássaro. O cusco amigo e companheiro, um border collie, que atende pelo nome de Biriba, que até então ressonava diante do borralho, ao ouvir o mais leve ruído de passos, corre ao encontro do patrão, como a que dizer "buenos dias". Estou pronto para ir à lida ou aonde tu fores. Porque, sim, ele já matreiro, tem seus donos como seus pais e irmãos; enfim, são a sua "família". Se a lida do dia, então, é reunir o rebanho de ovelhas, ele não pode faltar. É um excepcional ajudante.

O GALPÃO

Em uma propriedade rural, fazenda ou estância, como queiram, não pode faltar um galpão. O galpão é onde reúnem-se todas as forças ativas da empresa-fazenda. Aqui, são decididas e distribuídas as lides do dia. A partir daqui, cada um toma seu rumo.

O galpão, em geral, é construído, geralmente, de tijolos maciços, somente rebocado por fora, tipo "salpico", que tem como cobertura o zinco, que por sua vez são apoiados em tesouras de eucalipto, cuja foram mergulhadas por algum tempo, no açude ou banhadas em óleo queimado (é o uso comum nas estâncias), pois a madeira adquire uma dureza, tipo madeira de lei, montadas à capricho. Não poderia faltar a lareira, que tem como arremate uma pedra (granitina). A lareira, que muitas vezes serve como churrasqueira, quando não é usado o fogo de chão, é o lugar onde serão colocados os troféus conquistados nos rodeios ou festas campeiras. É um estribo estilizado (ou antigo, mostrando o metal desgastado, sinalizando o quanto foi usado), um freio, um par de esporas, uma medalha, uma taça, ou um troféu de acordo com o feito. Esses troféus, além de encher de orgulho o patrão, também premia os vaqueiros. Salientemos, aqui, que alguns troféus, são colocados junto à lareira da fazenda, de modo que todo o visitante veja. Eles são parte integrantes do sucesso. Nas paredes do galpão, estão afixadas costaneiras de eucalipto, depois de removida a "casca" e envernizadas com óleo, nas quais são colocados ganchos, que serão usados para "dependurar" peças (como rédeas, cabrestos, maneador, embornal, relhos, cabeçalho e outras peças mais). O embornal, que tem a forma de balde reiúno, feito de couro cru, pendurado no pescoço da montaria, serve para se colocar milho debulhado, a fim de alimentar o pingo após a lida. Aliás, aqui, enquanto a montaria se alimenta, é feita a escovação, realizada pelo peão que usou o animal, seu parceiro na lida, (realizada com uma escova mais rígida, no lombo da montaria e demais partes do corpo do animal), podendo-se, conforme a temperatura ambiente e o suor apresentado pela montaria, dar-lhe um banho, jogando água nela, deixando-a presa (cabrestiada) em rédea curta, evitando que ela se deite e role na grama, no intuito de se secar, o que faria com que se sujasse. Esses cuidados com a montaria são necessários, de modo a, primeiro, agradecer a parceria na lida; e, segundo, para que o animal fique relaxado, ao mesmo tempo que sente o "cheiro" do vaqueiro, reconhecendo nele, seu parceiro.

O galpão, sendo um ambiente coberto, evita-se que os apêros (tudo o que se necessita para "encilhar" o pingo) sofram com a ação do tempo. Adiante descreveremos o ato da "encilha". Aqui, também, nesse ambiente, encontram-se os banheiros e bretes de gado e ovelhas.

O galpão, medindo oito por cinco metros, nele se situa o "escritório campeiro", onde, chova ou vente, a cada manhã, reúnem-se toda a força de trabalho da fazenda, capitaneada pelo patrão. O piso é constituído de tijolos. Neste recinto, aquele que primeiro chegasse, já ia tratando de acender o fogo de chão. No inverno, acendia-se a lareira. De um tripé de ferro, pendia uma corrente, presa a uma travessa da tesoura que faz parte do telhado, é colocada uma chaleira de ferro fundido, a fim de aquecer a água para o café e para o chimarrão. Havia, ainda, uma cambona adredemente municiada de saco de pano e café, preparada para receber a água no ponto. Ali seria coado o café matinal, àqueles que ainda não haviam desjejuado.

Tinha sempre um costilhar de chibo e um matambre encostado no fogo (tanto no fogo de chão quanto na lareira.) O café e a carne, eram acompanhados de um delicioso "pão caseiro". Assado no forno de barro. A carne de chibo espetada, pingava graxa no fogo, exalando aquele cheiro característico de carne assada, aguçando o paladar.

É, sem dúvida, um café e tanto. À medida que a prosa ia andando, cada um servia-se do café, do pão e da carne assada, começando quase sempre pelo matambre, o qual mal lambido pelo fogo, pois se passasse do ponto, ficava muito rígido. É necessário que todos estejam bem alimentados, em vista ao enfrentamento do trabalho diário. Constituído, quase sempre, por trabalho "braçal", por isso, necessitando do vigor do trabalhador. Aliás, o trabalho em uma fazenda, é desempenhado como outra atividade humana qualquer, cada uma com suas peculiaridades, mas igualmente cuidadas, para que atinja os seus objetivos.

Há muitas tarefas a serem desenvolvidas em uma fazenda. O encontro diário à beira do fogo de chão e o repasto matinal, serve, também, para que sejam relatadas as tarefas realizadas ou por realizar.

Os fumantes, Terêncio e Silvério, vão preparando o "pito"; aproveitam o brasedo para acender o "paieiro", cigarro com fumo em rama ou corda, o qual é "descascado" e, com uma, geralmente, carneadeira, (faca muito bem afiada, uso comum do campeiro), vai-se cortando o fumo em pequenas rodelas, que colocadas na palma da mão esquerda, para quem é destro, vão ser maceradas, pela mão direita e depois "desfiadas" e colocadas na palha (palha seca de milho, amaciada com o lombo da faca) e, por fim, fumo desfiado, enrolando-o, passando de leve nos lábios, e está feito o palheiro.

Na chegada do gado novo, recém adquirido, procedia-se à marcação, colocação de brinco, e, de repente, aproveitando o gado reunido na mangueira, fazia-se a aplicação tópica da dosagem lombar. O banho, só seria mais tarde, se constatada a presença de carrapato. Isso, no caso dos bovinos. Diga-se, aqui, que o carrapato está mais no pasto do que no animal.

Na reunião diária galponeira, era o dever e a ocasião do relato das atividades desenvolvidas e as que deveriam ser realizadas.

O Salustiano tomou a palavra e disse: - olha patrão, aquela égua baia, recém chegada, precisa de ser colocada no serviço. Se não for assim, vai se alçar e daí vai precisar de nova doma. O Índio (assim chamado pelo seu aspecto físico, tez morena e cabelos negros) falou que uma das reses prenhas tinha de ser tratada de bicheira. O Percílio, numa demonstração de cuidados laboriosos, disse que o alambrado da invernada dos fundos tinha que ser "reparado", pois o gado poderia fugir para o campo lindeiro.

REUNINDO AS MONTARIAS

Passado algum tempo, a conversa posta, acertado o trabalho do dia, cada um tomava seu rumo. Cada um tratava de encilhar a sua montaria de costume. Tomando-se como "piloto", o cavalo que ficou no "piquete" (o piquete é onde pernoiteia um animal, vamos dizer, de "plantão"). Utilizando-se o "piqueteiro", buscam-se as demais montarias, parte importante no cumprimento das tarefas. Uma vez reunidos os animais, dentro da mangueira, um dos vaqueiros estende uma corda longa, amarrada em uma das pontas, em um moirão, e sob a ordem "forma, forma", os animais vão-se alinhando. Daí, cada um cabresteia a sua costumeira montaria e parte para a "encilha".

A ENCILHA

A encilha começa pela colocação do xergão, no lombo da montaria. O xergão é importante, visto que evitará que o lombilho machuque o lombo do animal. Depois, vem a carona (feita de coro cru, ficando sobre o xergão e embaixo do lombilho, (basto ou sela, como queiram). Atualmente já se encontra a carona com um grosso feltro fazendo parte dela e dispensando, portanto, o uso do xergão. Embora, historicamente, faz-se uso do xergão. A seguir, coloca-se a carona, usando-se, aí, a chincha. Uma vez colocada a carona, o próximo passo é colocar o lombilho, sobre o qual vão os pelêgos e, sobre estes, a sobre-chincha. De modo que, quando colocado o pé no estribo (que é parte integrante do lombilho), a encilha esteja firme, de modo a não "correr", no sustento do estribo ao "bolhear" a perna. A montada, normalmente, é feita pelo lado esquerdo do animal. Daí denominar-se "lado de "montar", em contraposição ao lado (direito), chamado de "lado de laçar". É claro que aqui, em se tratando de um vaqueiro destro. Mas nada impede que se mude os "lados", se o vaqueiro é sinistro (canhoto).

RECEBIMENTO DE TROPA

Tendo ficado determinado pelo patrão, que, no dia seguinte à chegada de um rebanho de ovelhas, o dia seria dedicado para esse serviço. No dia seguinte, as ovelhas já emangueiradas, seriam tocadas para um brete, com piso de cimento, e em cuja extremidade está instalado o tronco de ovelha, todo de metal. À medida que as ovelhas entravam no brete, iam recebendo aplicações intra-muscular de vacina e um vermífugo. Uma vez entrando no tronco, o animal fica preso. Levanta-se o animal e fá-lo girar, ficando com as patas para cima. Nesse momento é aplicado, na orelha esquerda, o brinco. Além disso, faz-se o descascarreio e o exame das patas. Aquela que apresentasse algum vestígio de micose, era-lhe aplicada a violeta de genciana. E, algumas, havendo necessidade, aplica-se o "mata bicheira". Isto feito, o encarregado do tronco, fala "tropa" e libera o animal. Isto é feito independente da esquila. O que será, mais tarde, lá pelo mês de novembro.

A ESQUILA

Nada impede que, dependendo do manejo, possa haver uma esquila lá pelo mês de abril/maio, dependendo da presença do piolho. O patrão ficava na torcida que daí, resultasse um "ótimo velo" (comprimento do fio da lã). Quanto maior o comprimento e maior o conteúdo de gordura no fio), resulta em melhor preço, quando da venda para a indústria. O velo ideal é o que medisse 5cm de comprimento, ou mais. O fio da lã, quanto mais gordura tiver, é um sinal de que a ovelha foi bem tratada, alimentada e foi submetida a todo o tratamento de sanidade necessário.

BANHEIROS

Há um anexo no galpão que se estende (em continuidade) na largura, e que avança até um pé de caneleira. Nesse ambiente é que se localiza tanto o "banheiro" dos bovinos como dos ovinos. Nos bovinos, quando há necessidade de combate ao carrapato. É o banho de imersão. Nos ovinos, busca-se a eliminação do piolho.

    Os bovinos são tocados para o brete, onde, havendo necessidade, vão receber inoculação de medicamento contra, por exemplo, a aftosa, ou serão marcados. Daí, são forçados a mergulharem no banho. O banheiro bovino é uma construção de alvenaria, em continuidade com o tronco. O animal bovino é jogado, quando da saída do tronco, no banheiro preparado, mergulhando e saindo na outra extremidade, indo para um "escorredor", de forma redonda e com uma inclinação de modo a fazer com que o excesso do banho retorne, evitando-se, assim, diminuir a perda do preparado. Volta e meia faz-se a "medição", a fim de se saber se há necessidade de completar a carga do banheiro. O escorredor, que antes do banho é limpo, varrido, no qual após o "mergulho", o animal vai ficar por algum tempo, propicia que o excesso do banho escorra, voltando para o banheiro, diminuindo a perda. Há a possibilidade do recolhimento do escorredor, fazendo passar por decantação, diminuindo, por exemplo, que o esterco volte ao banheiro. Aqui, neste caso, perde-se um pouco do preparado. Ou, então, não se decanta, e deixa-se voltar a totalidade escorrida.

Já no banheiro dos ovinos, de forma redonda, tem-se que agarrar à força cada animal, colocando-o no banheiro. Há necessidade de se usar uma vara resistente, fazendo com que o animal mergulhe. Isto é fundamental, visto que o líquido do banheiro deve penetrar entre a lã, atingindo os locais, por ventura, infestados pelos piolhos. Feito isto, os animais saem por uma portinhola, livres para o campo. Atualmente, os banhos de ovelhas estão sendo diminuídos.

CAPITALIZAÇÃO DAS ATIVIDADES

E, assim, vai-se completando as lides campeiras, no seu ritmo costumeiro, sempre cuidando do rebanho bovino/ovino, que, nada mais é que o "produto" da fazenda. Aliás, daí é que é retirado todo o resto das obrigações da empresa. As montarias devem sempre estar alimentadas e sanadas, pois as tarefas dependem, historicamente, delas.

Aqui, não tendo a mínima intensão de crítica, mas alertando para uma visão econômica/financeira, tendo em vista o PIB brasileiro, o setor agropecuário é o que tem dado os maiores índices de sustentabilidade nas exportações brasileiras. Contribuindo, assim, para o melhor equilíbrio da balança. Haja vista, a exportação do soja e carne, para vários países.

Deveria haver uma política que amparasse melhor os trabalhos rurais, tendo em vista os riscos e o trabalho exigidos.

O BAILE

Mas não só da lida vive o vaqueiro. Como todo o campesino, que carrega seu rádio de pilha nos tentos, gosta tanto de ouvir as notícias, bem como deleitar-se com músicas, de preferência as nativistas. Os festivais fazem brotar belas páginas, retratando os pagos, bem como inserindo o trabalho e a natureza campesina, em suas letras. Assim, seja montado, seja dirigindo um trator, seja (como antigamente), no arado puxado por uma dupla de bois, as notícias estão sempre presentes, graças ao rádio portátil. Aliás, penso que o rádio é o mais democrático meio de comunicação, visto que pode alcançar os mais longínquos rincões, pondo todos à par dos acontecimentos (desde que informe a notícia, deixando a análise ao ouvinte).

Aos fins de semana, havia sempre um fandango na bailanta do Gervásio, onde reuniam-se os casais e os descompromissados. Os solteiros, trajando sua melhor roupa e exalando um bom perfume, além de se divertirem bailando, havia sempre a perspectiva de se "engraçar" por alguma prenda. Muitos casórios nasceram aí. O Elpídio há muito deitava olhares para uma prenda (Santusa), morena, lábios torneados e pintados, de semblante e pele cor de cereja, cabelos presos à moda "rabo de cavalo", com olhar trigueiro e largo sorriso. Procurava sempre, de um jeito ou de outro, tirá-la para dançar. A prenda sempre aceitava o cortejo da dança, e, assim, bailavam quase toda a noite. Só sentavam-se, à mesa do pai da moça, depois de concedida a licença. Dançar, dá fome. Então, chama-se o garçon e encomendávam-lhe uma linguiça campeira frita, acompanhada de polenta e cuca. A bebida, ou era um refrigerante, ou suco. Mais, adiante, talvez, uma cerveja.

Em meio ao repasto, tanto o vaqueiro, como a prenda, trocavam olhares amorosos. O que, então, encorajava o rapaz (inebriado de amor e paixão) a introduzir uma conversa com o pai da moça, de modo a encaminhar uma esperada licença para o namoro, com direito a visita às quartas-feiras e aos domingos.

Para felicidade dos dois enamorados, as circunstâncias concorriam para um feliz desfecho. Com a devida concordância dos pais, e aceitação dos namorados, realizou-se a cerimônia de noivado. Não demorou muito, para felicidade dos noivos, foi marcada a data do casório. A festa de matrimônio seria na residência da noiva. Os convidados, claro, eram os parentes, mais os amigos. Foi carneada uma novilha de sobre-ano, um porco (este, acompanhado de farofa e pêssego em conserva). Numa mesa grande, especialmente preparada para a ocasião, os convidados de ambas as famílias, puderam se deliciar com o cardápio, além de que, após a comilança, havia uma sobremesa variada, constituída de pera ao vinho, sagu com creme, ambrosia, torta de limão, mousse de maracujá. Um verdadeiro banquete, digno dos deuses. Restava saber se continuaria morando na propriedade ou se teria que mudar-se dali. O patrão, tendo em seu futuro genro, uma pessoa responsável e capacitada para a lida, não pensou duas vezes, cedendo-lhe espaço para construir sua moradia. Isto porque, na fazenda já havia, há muito, chegado a rede elétrica, o que facilitaria des'tarte a construção. E assim, foi construída uma casa de alvenaria, coberta de telhas de barro, com dois dormitórios, banheiro, cozinha, despensa e um alpendre. A cozinha era toda lajotada, visto facilitar a limpeza e mesmo porque ali havia o "fogão à lenha" que se situava junto a uma basculante, permitindo que, enquanto não se juntava aos demais no rancho galponeiro, ia sorvendo o amargo, podia visualizar grande parte da propriedade. Aos poucos, o pomar ia se formando. Um limoeiro, uma laranjeira, uma goiabeira, uma noz pecan, além, é claro, de uma horta. Da horta podia-se colher, diariamente, um pé de alface, rúcula, mostarda, couve e muito mais. O Tibúrcio montou um galinheiro, tendo assim, ovos frescos todo o dia. O leite, cujas vacas holandesas, eram ordenhadas bem cedo da manhã, forneciam um leite rico e delicioso. Volta e meia, para variar o consumo de carne de ovelha ou de bovino, era abatida uma galinha. As galinhas eram, rotineiramente, soltas à vontade no terreiro, de modo a ingerirem alguns grãos de areia, indo direto para a moela, facilitando a digestão. Havia um cercado de milho, de onde se buscava algumas espigas, ou para cozinhar ou para assar. Depois de algum tempo, os filhos do casal e os netos, do patrão, gostavam tanto de um como de outro modo.

Tanto na casa sede da fazenda, como nas demais casas, tinha-se por costume, no café da manhã, assar queijo e polenta na chapa do fogão à lenha, como complemento. A peonada preferia tomar o chimarrão vespertino, no galpão, ao redor do fogo de chão. Junto a isso um café recém passado, na cambona, acompanhado de um delicioso pão caseiro e de um matambre e costilhar de chibo. Seguindo-se a lida, como sempre fora.

Mas a vida segue e o tempo passa. O novel casal, num enlevo duradouro, começa a constituir família. Nascem os filhos, e com eles, a preocupação quanto aos estudos. Acontece, porém, que as circunstâncias atuais são por demais diferentes de antanho. As primeiras letras e mais, são seguidas pela modernidade de hoje, via "on-line", com a devida supervisão da mãe dos filhos.

Recordo-me, com saudade, dos primeiros anos de estudo, que era chamado de Primário. Tínhamos que decorar a "tabuada", aprender o Hino Nacional, o Hino à Bandeira, o que, aliás, enchia--nos de orgulho cívico, embora não soubéssemos o que era civismo, o que viemos a aprender mais tarde. Pois é bueno demais isso, pois desperta nos pequenos, o amor à Pátria. A criançada possuía, na medida do possível, seu caderno de "caligrafia"; o caderno era constituído de linhas paralelas horizontais, duas linhas próximas e uma outra levemente afastada, de modo que o estudante, dada à repetição, desenvolvesse uma escrita com boa caligrafia.

Enquanto esse aprendizado tão importante acontecia, os filhos, observando o trabalho dos pais, iam desenvolvendo o gosto pelas lides. Primeiramente, aprendiam a encilhar o cavalo e a cavalgar, além do treinamento no manejo do laço, tendo como "sparing" uma novilha mecânica/de madeira, com vistas no futuro tornando-se já um auxiliar na lida campeira. Já podiam discernir na compra e na venda do gado bovino e ovino, enfim, na comercialização do produto da empresa/fazenda.

Muitos filhos que achavam que a vida na cidade, iria proporciona-lhes mais conforto, chegaram à conclusão que, embora o trabalho mais árduo, não há comparação com a liberdade do campo e suas benesses. (Lembro aqui, O ESQUILADOR, de Telmo de Lima Freitas). Eles, à medida que vão crescendo, acabam por entender e a gostar do trabalho que se desenvolve em uma fazenda. E, então, costeado pelo pai ou avô e, muitas vezes, pelo capataz, vai-se aprimorando na lida e, ao fim e ao cabo, acabam por se sentirem aptos a enfrentarem a lida.

E, assim, vai-se levando a lida no campo. Claro que nem tudo são flores. Há os espinhos. Uma compra ou uma venda que não saiu a contento. Dos vaqueiros, algum rebento que se mostrou meio que rebelde. Mas, são vicissitudes que podem acometer qualquer um que, eventualmente, habitam esta Terra.

RELIGIOSIDADE

Próximo (lá para fora, quando dizemos próximo, significa, no mínimo, uma légua) às fazendas, havia um pequeno povoado, onde se achava instalada uma igreja. O campeiro, apesar do trabalho rude, não despreza, em nenhum momento, a ajuda dos céus. O que, aliás, convenhamos, sem a ajuda do Pai, as coisas não se realizam, no todo ou em parte. Fazíamos questão de inculcar em todos, o Espírito de Religiosidade, sem que os obrigássemos. Pois cada um é dotado de seu Livre-Arbítrio. Cremos que tudo que é forçado, não é verdadeiro. Muito menos cristão. Pensamos, humildemente, que toda religião ou filosofia, desde que mostre o caminho do Pai, é verdadeira. Pois todos os caminhos, bem trilhados, levam à Deus.

A ESCOLA

A rapaziada ia crescendo e precisando de seguir "os estudos". A Escola que havia, colocada, adredemente, no meio do caminho, já não conseguia, dado o currículo e plano de aula, transmitir novos conhecimentos. Carecia de novos horizontes. A rapaziada, apesar dos ajujados ensinos do professor e das mães, tinha uma ânsia natural, de contatar coisas que, na sua idade, reclamavam maiores conhecimentos, embora atualmente o Professor Google nos elucide qualquer dúvida. Desde que a internet alcance os pagos longínquos.

Entra, aqui, os conhecimentos que a vida, tendo os pais presentes "por observação e vivência", ensinou, mesmo nas tarefas mais simples. Por exemplo, como fazer uma polenta; quanto de fermento eu coloco na farinha medida; quanto tempo devo deixar o pão assar no forno; o forno é à lenha, ou a gás? Como faço, também um mousse de maracujá, uma lasanha, um bife na chapa (com queijo)? São tantos preparos, que, embora não nos demos conta, estamos construindo (tijolo a tijolo), uma pessoa que, futuramente, saberá o valor de cada pequena coisa que lhes apresentamos.

Pode parecer que não haja importância nesses pequenos gestos. Mas, ao mesmo tempo que nos "aproxima", o enlevo do amor aí brota e floresce. Cría-se, aí, um elo indestrutível, que, por mais que o tempo passe, não se desfará.

No campo, mormente, essas ações não diferem, de modo algum, nas demais atitudes ditas humanas. Mais do que nunca, temos de prestar muita atenção aos filhos. Pois a função na lida campeira, é seu universo (dos filhos). Dali eles compreenderão o mundo. Se bem orientados e esclarecidos. Deverão entender, assim achamos, que onde estão, é o pedaço do mundo que deverão "cuidar", em benefício de todos, mesmo que não os conheçamos. Do conhecimento da lida, depende, embora não se saiba, do alimento que chega às mesas de incontáveis famílias.

Não queremos, aqui, achar que a lida campeira é fundamental e primordial. No entanto, gostaria de alentar que o trabalho é árduo e nem sempre bem reconhecido e valorizado.

Ao prepararmos um bife, simples, à cavalo, etc, o produtor (pecuarista), arrisca todo um árduo trabalho, de modo que possamos degustar um bom bife, um churrasco, e, assim, por diante. Até um guisado para preparar uma gostosa ALMÔNDEGA, UM KIBE, UMA PANQUECA, etc...

O pecuarista invernador, como, também, o que cria, recria e engorda, corre os riscos naturais, como, por exemplo, uma res morrer de picada de cobra, atolada, etc. O fazendeiro tem de cuidar da saúde animal. Para isso, investe bastante na pastagem (que no inverno é altamente atingida), diminuindo o alimento, que, muitas vezes, obriga a uma suplementação (alimento guardado ou comprado, como a silagem), mas que não deixa o gado com necessidade alimentar.

E assim, vai correndo a vida. Os vaqueiros, morando na própria fazenda ou fora dela, vão formando sua família.

À medida que os seus filhos chegam à idade da escolaridade, têm-se a necessidade de leva-los à escola. Isto requer, primeiro, que haja uma Escola nas redondezas, depois, um transporte municipal que levem, em segurança, a piazada para começar a aprender e entender o alfabeto, que, aliás, é o alicerce de todo o saber vindouro. Os trabalhadores da fazenda, morando nela ou nos arredores, tratam de cuidar que os seus filhos tenham o melhor acesso possível, às Escolas.

Ainda que não queiram (mas querendo), que seus filhos sigam seus passos na lida campeira, sempre que possível, transmitem-lhes os ensinos do campo. Arrear, observar, curar, alimentar, plantar, etc, de modo que vão-se entendendo desde o mais simples até a eventual tomada de decisão, diante de algum acontecido.

Os vaqueiros que optaram por residir na própria Estância, capitaneados pelo patrão, construíram sua casa, com todo o necessário, tais como: luz, água encanada, banheiro, cozinha com relativo conforto e TV. Esses "mimos" servem tanto para o conforto familiar, como, também, para que sejam executadas as indispensáveis tarefas de higiene.

Honorato, apaixonado por sua esposa Bárbara e filhos Juvêncio e Tomé, de 3 e 5 anos, respectivamente têm, em seu trabalho, um dever quase que sacerdotal às lides. Não se atina tanto ás tarefas, EMBORA AS EXECUTEM COM MAESTRIA CAMPEIRA, mas, sobretudo, com o capricho que o Patrão gostaria. Mas, ao mesmo tempo, procura transmitir aos seus filhos, todo o saber adquirido. Ensina como embretar uma res para receber o medicamento indicado. Normalmente uma aspersão no lombo, do combate, entre outros, à mosca de orelha e carrapato.

A meninada de campanha usa sua imaginação, criando os próprios brinquedos. É uma pandorga (aqui, me atrevo a dizer que, entre outras engenharias, o avião se baseou na pandorga), jogo de bolita, peão, carrinho de lomba, tropas e mangueiras (Tropa de ossos), etc., pois na sua maioria, não tinham acesso aos brinquedos industrializados. Mas isso era muito bom. Forçava, pela necessidade, atiçar o lado inventivo da meninada. As meninas, como sempre, eram amadrinhadas pelas mães (e muito acarinhadas pelas avós e dindas), que as ensinavam os "deveres". Cresciam sabendo cuidar zelosamente de casa. Eram prendadas nos afazeres domésticos. Aprendiam cozinhar, bordar e plantar flores em canteiros, de modo a enfeitar as suas casas, sem, no entanto, relegar o instinto materno nos cuidados com suas bonecas, que eram chamadas pelos seus nomes próprios e que as acompanhavam à noite, carinhosamente abraçadas. Mas, aos meninos, não eram só folguedos. Cabia-lhes, incontinente, montar os canteiros em um lugar destinado à horta, com seu indefectível espantalho; cravava-se uma madeira, mais ou menos no meio da horta, formando uma cruz e sobre o qual colocava-se um chapéu de palha (velho, de preferência) e roupas que não eram mais usadas. O objetivo disso era manter os pássaros longe, evitando a perda na horta. Capitaneada, geralmente, pela dona da casa, a meninada cultivava todo tipo de salada, agrião, tomate, couve, etc... ia-se

misturando a terra com o produto da decomposição (composteira, construída para essa finalidade), onde são colocadas toda sobra de folhas, restos de legumes, cascas etc, exceto todo tipo de carne, além de misturar o que se acumulou embaixo do galinheiro (a cama), onde eram criadas as galinhas poedeiras, colhidos os ovos, visto conterem vários ingredientes, como cálcio, etc). Assim, o consumo de alfaces, beterrabas, tomates, couve, chuchu, nabos, etc. eram produtos da melhor qualidade e que enriqueciam por demais à mesa.

CERCADO DE MILHO

Claro que não faltava um espaço, onde era plantado o milho. Esse milho, que na época era a alegria da casa. Consumido cozido ou assado, além de delicioso, um alimento altamente nutritivo. Algum pouco da lavoura de milho era reservado para "quebrar" o grão, (dependendo da qualidade) servindo para a "canjica" e, ainda, sendo destinado às galinhas. Além disso, aproveitava-se o restante para silagem, prevenindo-se para algum período de seca, onde a pastagem é muito molestada.

Visualizamos, ainda, que serpenteando um capão nativo, haviam várias caixas (colméias), todas em total produção. Desse modo, a fazenda é abastecida de um ótimo mel de qualidade. Essas abelhas vão-se abastecer nas flores do jardim, na floração do pomar e dos eucaliptos.

Não há, na vida campeira, um momento de pensamento vazio, pois a lida campeira exige 24 horas de cuidados e planejamento. Ora é quanto ao rebanho, ora é quanto à lavoura. Quanto ao rebanho, tem que estar atento ao carrapato e outros, cuidando da sanidade do animal. O lavoureiro, diz-se, que fica com o pescoço doído, pois olha para o céu procurando saber se chove pouco ou chove muito. Mas o Nosso Criador sabe quando é de menos e quando é demais. O pecuarista precisa de água na pastagem, de modo a ter alimento para o sustento do gado e ovelhas.